好吃好玩

葱姜蒜

膳书坊　主编

U0322223

中国农业出版社
农村读物出版社

图书在版编目（CIP）数据

好吃好玩葱姜蒜 / 膳书坊主编. — 北京：农村读
物出版社，2013.6
（食尚生活. 农产品消费丛书）
ISBN 978-7-5048-5700-2

Ⅰ．①好 … Ⅱ．①膳 … Ⅲ．①葱－菜谱②姜－菜
谱③大蒜－菜谱 Ⅳ．①TS972.123

中国版本图书馆CIP数据核字（2013）第141776号

总 策 划	刘博浩
策划编辑	张丽四
责任编辑	张丽四　程　燕
设计制作	北京朗威图书设计
出　　版	农村读物出版社（北京市朝阳区麦子店街18号　100125）
发　　行	新华书店北京发行所
印　　刷	北京三益印刷有限公司
开　　本	880mm×1230mm　1/24
印　　张	4
字　　数	120千
版　　次	2013年10月第1版　2013年10月北京第1次印刷
定　　价	20.00元

（凡本版图书出现印刷、装订错误，请向出版社发行部调换）

contents 目录

Part ① 葱姜蒜是谁 5

Part 2 好吃的葱姜蒜

Part 3 好玩的葱姜蒜

Part1

葱姜蒜是谁

　　大葱有着高高瘦瘦的高挑身材，叶子和茎是连在一起的，愈往下愈粗，愈往下愈圆，非常憨厚，非常可爱。整个茎身是白白嫩嫩的，在那些不多的泥土的衬托下显得格外纤细，格外白嫩。

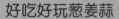

葱先生亮个相

葱是一种常见的食物，几乎家家户户的餐桌上都能见到，它既可以直接做菜，也能够当调料用。

我国的葱品种多样，南方和北方的葱差异较大。不过，不论大葱还是小葱，它的外形都比较类似，绿色的叶子和白色的茎连成一体，细细长长的。古人形容美女手指细长就常说"十指尖尖似栽葱"，尤其葱茎白白嫩嫩、纤细柔弱的样子，同美女的手的确非常类似。

葱是一种常见的调味品和蔬菜，南方人多吃小葱，而北方人吃大葱。北方的大葱是老百姓喜爱的"三辣"蔬菜之一，也是必备的调味品，北方人做肉菜基本上都少不了葱。

说起北方人的豪爽，大葱就是标志之一，南方人觉得个头巨大、辣味十足、不敢问津的大葱，北方人却觉得是美味佳肴，还经常生吃。东北人爱吃大葱蘸酱，山东人爱吃煎饼卷大葱，就是拿着一根洗净的大葱咔嚓咔嚓往嘴里送。除了生吃之外，大多数老百姓还是习惯于拿葱当调味品，做菜的时候，把锅烧热，倒入油，用切碎的葱姜炝锅，再下主菜，这是一般的程序。还有一些人习惯于在菜即将出锅时，撒上葱末，翻炒一下即刻盛装上桌。做汤面的时候，大多都是在面条装入碗里之后，将切碎的葱末撒在面上，不仅增加了鲜味，翠绿的葱末配上白色的汤面，也增加了观赏性。

南方人觉得大葱的味道太辣，太呛人，不过北方人觉得，这辣中带着丝丝甜，生吃大葱又辣又甜又脆，特别爽口。其实，想要去除大葱的这种辣味很简单，只要将葱做熟了就行。熟了的大葱就没有辣味，只有香甜味了。

葱儿初相识

葱叶子深绿，呈圆筒状，中间是空心的，叶子越往上越尖。我们现在所吃的葱和空心菜、红薯一样，都是可以分株繁殖的，很少开花结籽。不过，野生的葱本来是能够开花结籽的，可以分株繁殖，也可以通过种子繁殖。

我们常说的葱有两种，北方是粗壮结实的大葱，南方是窈窕挺拔的香葱。大葱的植株一般高30～44厘米，小葱植株在15厘米左右。

南方的葱比起大葱来，窈窕袅娜，有多个品种，譬如香葱、分葱、火葱等。很多时候，我们所说的香葱可以用来指代南方所有品种的葱。

香葱的叶子为鲜绿色，叶片圆鼓鼓的，朝天伸展，茎柔软雪白，气味浓郁，含有很高的挥发油，烹调加热的时候，这种挥发油会迅速释放，给菜肴增添诱人的香味。香葱这种浓郁的香味能够刺激与增强食欲，有了它，菜肴会更加芬芳可口。

香葱的植株较小，叶片细小，口感脆嫩，味道鲜香，微辣。香葱属百合科植物，是一种多年生植物，其根可以埋在土里，多年发芽生长。

香葱多为南方所食，既可以做调味品，也可以作为食材使用。

小小葱儿营养高

　　很多人不喜欢葱，因为觉得葱的味道太刺激，让人难以接受。其实，葱的这种刺激性味道作用非常明显，能够祛除腥膻等油腻厚味菜肴中的异味。葱当中的这种含刺激性气味的挥发油经过烹饪，能够产生特殊的香气，具有较强的杀菌作用。很多人，尤其是北方吃大葱的时候，只吃葱白，将葱叶都扔掉，实际上，葱叶部分比葱白含有更多的维生素A、维生素C及钙。中医疗效验证，葱具有杀菌、通乳、利尿、发汗和助眠等作用，是一种具有丰富营养和疗效的食材。

挑一挑，拣一拣

挑选葱的时候，要注意到葱的两大品种是大葱和香葱，而不论哪一个品种，都有鲜葱和干葱两种。

选鲜葱有诀窍

1. 挑选新鲜葱的时候，一定要注意看叶子，葱叶青绿硬挺，圆鼓鼓的没有破损发蔫。这样的葱才会比较新鲜。
2. 选葱要形状匀称，茎干比较粗，植株完整、硬实不发蔫，葱白较长。
3. 葱根干净、不腐烂。

选干葱有诀窍

1. 干葱植株较完整，不见折断与破裂，植株粗壮匀称。
2. 叶子干燥，没有霉烂的情况发生，也不见打新叶。
3. 葱白没有冻害和腐烂的情况。

选香葱小提示

1. 香葱叶子比较细、长，呈现鲜绿色。
2. 植株较小，整体匀称，质地柔嫩，没有折断现象发生，葱白较长。
3. 香葱根部比较干净、干爽，没有腐烂现象。

选大葱小提示

1. 如果是炒菜用，可选择葱白较短、葱根较粗的，这种比较辣。
2. 如果是生吃，可选择葱白较长、葱根较细的，这种比较爽口，略略带一点儿甜味。

葱的巧储存

葱最适合的储藏温度是0℃，空气中水分含量在70％~80%左右，太湿了葱容易腐烂，太干了葱会打蔫发干。当然，葱也能放在冰箱里储藏，不过下面我们所提及的储藏，主要是北方大葱在冬季的储藏。可能有读者会疑惑，为什么不提及南方香葱的储藏呢？南方香葱娇嫩，植株小，空气湿度大，所以南方一般都吃鲜葱，或者将葱做成葱干来吃，没法像北方一样背一捆葱回来，放在屋子里储藏。而在北方，冬天窖藏葱跟窖藏大白菜一样，都是有传统的。

北方储藏大葱一般有下面几种做法：

1. 架藏法。用木材或者钢材等搭成储藏架。新鲜的大葱晾晒几日，晒干表皮的水分，捆成小捆，依次码放在架子上。每一捆之间都要留出一定的空隙，通风通气，防止腐烂。

2. 沙土储藏法。在背风的平地上铺上3~4厘米厚的沙子，然后将晾干捆成小捆的大葱依次竖着码放在沙上，根朝下，就像种在地里一样。码好后就在大葱周围培起15厘米高的沙土，再在上面覆盖草帘子或者塑料薄膜防雨。

3. 窖藏法。这是北方最传统也最常见的一种做法。将大葱捆成小捆，竖着码放在干燥、阳光能够照射、避雨的地方晾晒。等到室外温度降至0℃以下的时候，就收入地窖储藏。地窖里的温度保持在0℃左右，注意防潮防热。

知识链接

大葱在储藏之前一定要在日头底下晾晒几日，晾干表皮的水分，以防腐烂。另外，用来储藏的大葱要捆成小捆，一捆不得超过10千克。

葱叶很委屈

有关葱的营养价值和功效我们上面已经说得够多了，相信大家在日常生活中也深有体会。古时候的人们也在生活中发现了葱的诸多好处，于是便有这样的谚语流传下来："常吃葱，人轻松。""一天一棵葱，薄袄能过冬。"这两句非常鲜明生动地说明了葱对人体的保健功用。

受冷落的葱叶

葱的营养价值极高，许多民间偏方治疗感冒常用这种便宜方便的原料。不过，葱在南方和北方的食用有很大差别，在南方，人们是连葱叶带葱白整根吃，有时候还会用葱须做菜；而北方人，一向只吃脆嫩的葱白，其余部分尽数丢掉，很多菜市场的垃圾堆里都能发现一大堆一大堆的葱叶。

葱叶最营养

事实上，这样的做法别提有多愚蠢了。葱叶哪里是什么垃圾，它可是宝贝呢。相较葱白而言，葱叶可真正是好东西。葱白中所有的营养成分，葱叶中全都有，并且许多营养素都明显优于葱白。例如，葱叶中维生素C、β－胡萝卜素、叶绿素、镁的含量，都明显高于葱白。

别再委屈了葱叶

南方吃葱，是从头吃到尾，脆嫩的葱白、碧绿的葱叶都是餐桌上的美食，可是北方的大葱，就只能看到白白的葱白了，这样实在是对大葱的葱叶不公平。要知道，丢掉葱叶，就是丢掉了一大堆营养素啊。明明是补身体的好东西，却被当成垃圾扔掉，造成了多大的浪费啊。葱叶炝锅的味道其实也不比葱白差，以后吃大葱，一定要连葱白带葱叶一起吃。

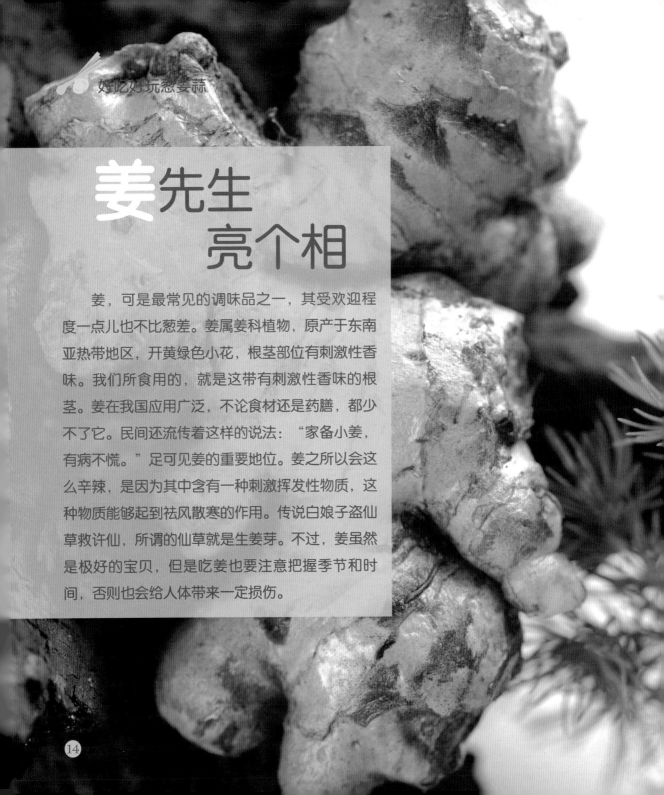

姜先生亮个相

　　姜，可是最常见的调味品之一，其受欢迎程度一点儿也不比葱差。姜属姜科植物，原产于东南亚热带地区，开黄绿色小花，根茎部位有刺激性香味。我们所食用的，就是这带有刺激性香味的根茎。姜在我国应用广泛，不论食材还是药膳，都少不了它。民间还流传着这样的说法："家备小姜，有病不慌。"足可见姜的重要地位。姜之所以会这么辛辣，是因为其中含有一种刺激挥发性物质，这种物质能够起到祛风散寒的作用。传说白娘子盗仙草救许仙，所谓的仙草就是生姜芽。不过，姜虽然是极好的宝贝，但是吃姜也要注意把握季节和时间，否则也会给人体带来一定损伤。

姜儿初相识

姜是一种常见的中药材，不仅炮制过的干姜可以入药，我们用来做调味品的生姜也可以直接入药。姜有新鲜的也有干的，都是入味佳品，而姜汁除了调味之外，在南方地区也常被用来做成甜食，譬如姜汤、姜撞奶、姜母茶之类。刚长出来的嫩姜顶部微微泛紫，所以也被称为紫姜，有些地方称之为子姜，与之相对的老根就是母姜。姜原产于亚洲，在亚洲各地区深受欢迎，目前西非和加勒比等地也扩大了生姜种植面积。

小小生姜药性大

姜，有的地方也称之为"姜拐子"，略带贬义，用来说明姜长得别别扭扭、曲里拐弯、比较难看。但实际上，姜的外形虽然不那么美观，但是其各种功效却是我们无法忽视的。生姜味道辛辣、性温，能够祛风散寒、化痰止咳，也能够温中理气、解毒解疔，人们常用它来治疗外感风寒和胃寒呕吐之类的症状，古代人称姜为"呕家圣药"，就是因此而来。中医认为，生姜是助阳培元之物，故医家有"男子不可百日无姜"之说。还有人给生姜起了个形象的别名，那就是"还魂草"，而姜汤也因此被称为"还魂汤"。

另外，生姜因为其刺激挥发性，能够刺激生姜能刺激胃黏膜，引起血管运动中枢及交感神经的反射性兴奋，促进血液循环，提振胃的功能，从而实现健胃、止痛、发汗、解热的功效。生姜还有杀菌解毒的功效，生姜中的姜辣素进入人体，能够产生一种抗氧化物酶，它有极强的对付氧自由基的作用，比维生素E要强出许多。此外，姜还能够增强胃液的分泌，刺激肠壁的蠕动，帮助消化。

干姜虽然也是用姜做成的，但是因为它经过晒制，含水量少，所以性质同生姜也有差异。干姜性热，十分辛烈，能够温中回阳，温肺化饮，所以人们常用干姜来治疗中焦虚寒、寒饮犯肺喘咳与阳衰欲脱等症。

挑一挑，拣一拣

在市场上买姜的时候，有的人常常不知道如何下手，不明白为什么都是姜，有的吃起来味道浓郁芬芳，有的却腐烂发苦。现在我们就给大家支几招，包你们以后能够挑到合心意的好姜。

选好姜，要注意

1. 看一看，不要挑选外表太干净漂亮的姜，只要表皮平整就可以了。表皮上还沾着泥也不要紧，就是别挑干干净净的姜，那种多半是水洗过的，不经放也不新鲜。

2. 捏一捏，肉质紧实不酥软，姜芽结实鲜嫩的就是好姜。

3. 闻一闻，新鲜的好姜会有浓郁的姜味。如果闻到腐烂变质或者硫磺味，这样的姜千万不要买。

嫩姜选择有诀窍

人们吃姜有几种吃法，虽然都说"姜还是老的辣"，但很多人喜欢吃脆嫩爽口的嫩姜，也就是子姜。子姜炒仔鸡可是一道开胃爽口的好菜，备受老饕的喜爱。那么，选嫩姜有什么诀窍呢？

1. 看一看，姜芽鲜嫩，颜色淡黄泛白，表皮光滑。

2. 捏一捏，姜块柔嫩，肉质紧实，水分足。

3. 掰开来看，表皮较薄，肉质纤维较少，还有淡淡的辛辣味。

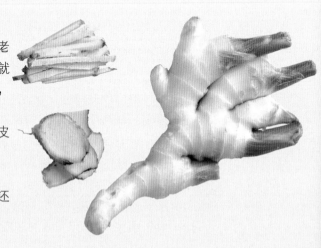

老姜挑选需仔细

老姜味道辛辣，够劲道，药用价值高，用来做调味品是最佳选择。受寒之后喝一碗热腾腾的老姜红枣汤，将体内的寒气驱出，出一身汗，人很快就会痊愈。不过现在市面上以次充好的情况太频繁，吃姜也须擦亮眼睛，挑选好姜。

1.看一看，颜色深，个头大，外表干爽，比较光滑，没有腐烂、干瘪情况，这样的姜比较好。

2. 捏一捏，姜块硬挺，不发蔫，不软塌的是好姜。

3. 掰开来看，表皮较厚，肉质纤维多，还能闻到浓郁辛辣味的姜比较好。

姜的巧储存

生姜是人们日常生活中的必需品，价钱也不贵，有时候买菜时小贩懒得找零，于是拿一块姜抵账。很多人也不在乎，觉得姜耐得住放，放多久都不要紧。谁曾想，买回来的姜放了两周之后就开始萎缩腐烂了。那么，姜该如何储藏呢？

1. 买回来的鲜姜一时吃不完，可以洗净擦干，然后放入食盐里，这样可以保存很长时间不坏掉。

2. 鲜姜洗净，晾干，用盐将表皮擦涂一遍，放入保鲜袋内，不用封口，就这样放在冰箱里，大概可以保存10天左右。

3. 鲜姜洗净晾干，切成薄片，晾干水分，装入洗净消毒、干燥的大广口瓶里，然后倒入白酒，没过姜片，之后盖好瓶盖。每一次用专门的筷子夹取，这样能够使姜储存较长时间。

4. 沙埋法。选择外皮完好、茎肥厚的大块姜，埋入略潮但是不湿的细沙或者黄沙里，放在温暖干燥通风处。冬天的时候要注意防冻。

姜儿助你好睡眠

姜是厨房中随处可见的调味品，也是我们治疗身体不适的极好药品。如果你经常性失眠，不如随我们一起来看看姜先生是如何催人入眠的。姜有很好的定神安眠的效果，是源于生姜的发散性气味。

生姜安眠的具体做法是：取15克左右的生姜，切碎，用纱布包裹起来，放置于枕边。生姜这种芬芳的气味，能够帮助失眠者安然入睡。此法连续使用10天到一个月之后，睡眠质量会得到明显提升。

晚上吃姜需谨慎

古人对姜的功效和使用非常了解，有这样的一句俗语："早吃姜，补药汤。午吃姜，痨病戕。晚吃姜，见阎王。"甚至有这样的俗语："早上吃姜等于补药汤，晚上吃姜等于吃砒霜"。听起来够吓人吧，光"砒霜"二字就足以让人心惊胆战了。

事实的确如此，晚上不适合吃姜，因为姜是宣发阳气的，夜晚时分人体阳气收敛，养阴，这个时候吃姜是违背天时，会使人体兴奋，无法安眠，还能影响人体心脏功能，严重者甚至会造成内火郁结，损耗肺阴，伤肾水。所谓晚上吃姜堪比吃砒霜，其缘由就出于此，倒不至于有砒霜那么吓人。不过有一点我们要注意了，很多人劳累一天了，喜欢在晚上吃饭的时候来上一盅，这时候要是以姜菜下酒，那对人体的危害就大了。晚上喝酒配姜菜，严重刺激人体神经，违背天时，所以，为了身体健康，晚上千万不要用姜菜下酒。

食姜宜与忌

宜

1. 姜中含有多种维生素，促进人体新陈代谢，所以血液循环不畅、手脚冰凉、怕冷的人可以多吃姜。

2. 姜能够淡化人体皮肤的斑点，有延缓皮肤衰老、抗菌消炎的功效，爱美的人可以多吃姜。

忌

1. 晚上不应该吃姜，姜会宣发人体阳气，晚上吃姜容易伤肺。

2. 肝火旺的人不应该在夏季吃姜。

3. 腐烂的姜里面含有毒素，容易使肝细胞变性坏死，长期食用可诱发癌症，所以腐烂的姜一定要扔掉，不能再吃。

4. 姜有祛风散寒的作用，所以风寒感冒者喝姜汤比较好。

夏天吃姜最有益

姜是一种调味佳品，又因为其独特性，一年四季都能见到，不像葱和蒜，都有季节性。不过，最适合吃姜的季节还是夏天。

1. 防暑，降温，提神。很多人认为夏季烈日炎炎，就该吃些清凉的东西，姜性热，又辣，不该吃。实际上，夏天最适合吃姜了，这个时候吃姜不仅能够排汗降温，还能醒脑提神。很多人在夏天会头昏、心悸、胸闷、恶心，这个时候喝点儿姜汤，或者来一碗姜撞奶，对身体大有好处。

2. 健脾开胃，增进食欲。夏天天气炎热，人体的唾液和胃液分泌会减少，所以很多人都食欲不振，饿了也不想吃。这个时候，如果嚼几片生姜，或者吃点儿姜撞奶、姜茶什么的，能够刺激胃液、唾液和消化液的分泌，促进肠胃蠕动，增加食欲。所以人们常说"冬吃萝卜夏吃姜，一生不用进药房"，还有"饭不香，吃生姜"，都是这个原因。

3. 抗氧化，抑制肿瘤。生姜中含有姜辣素和二苯基庚烷类化合物的结构，都有很强的抗氧化和清除自由基、抑制肿瘤的作用。因为有抗氧化作用，所以姜也能抗衰老。有报告称，老年人吃生姜能够淡化"老人斑"。

4. 止吐，抗恶心，防晕车。研究证明，生姜粉能够对运动中所引起的头痛、眩晕、恶心、呕吐等症状起到一定的治疗作用，并且药效能够持续很长时间。民间有用生姜防治晕车、晕船的先例，都收到了明显效果。

5. 消毒杀菌。有研究表明，生姜对某些细菌能够起到抑制的作用，尤其是抑制沙门氏菌的效果显著。夏季天气炎热，细菌滋生，食品很容易受细菌污染，而且夏季细菌生长繁殖极快，吃了被污染的食物，很容易引起急性肠胃炎。所以夏季吃生姜能够起到防治肠胃炎的作用。此外，含漱生姜水能够治疗口臭与牙周炎。

蒜先生
亮个相

　　当当当，现在轮到蒜先生登场了。蒜可是好东西，不管凉菜热菜，蒜都是不可或缺的调味品。不过，说起蒜，好像一股刺鼻的大蒜味就扑鼻而来，让人觉得臭不可闻。实际上，这种刺鼻的味道才是打算最精华的部分——大蒜素。这种味道对人体具有很大作用，能够帮助人体杀死细菌。所以，千万别嫌弃这种大蒜味，要学会接受，平时多吃一些蒜，对身体大有裨益。我们常说的调味的大蒜多指大蒜的果实——蒜瓣，其实，蒜浑身都是宝。南方除了吃蒜瓣外，还吃蒜叶、蒜薹、蒜须。

蒜先生初相识

说起蒜，很多人都不知道，蒜其实有两种，除了我们常见的大蒜之外，还有一种小蒜。小蒜和大蒜有很大不同，我们常说的蒜都是指大蒜，这里也是如此。大蒜最早产于欧洲南部和中亚，古埃及、古罗马、古希腊等地中海沿岸地区是最早的栽培地。汉代张骞出使西域带回了不少好东西，大蒜也是其中之一。现在中国已经变成世界上大蒜栽培面积和产量最多的国家之一了。

虽然大蒜非常好，生食更有效，不过，也不是人人都能食用的。譬如经常出现脸色通红、午后低烧、口干、便秘和烦热等症状的人最好少吃生蒜，患有胃溃疡和慢性胃炎的人最好戒掉大蒜。

小小蒜儿药性大

蒜除了作为食品，还具有极好的药效。大蒜中有一种独特的成分——蒜氨酸，这种成分进入血液时就变成了大蒜素。这种大蒜素能够调味，还能增进食欲，并且具有强烈的杀菌功效，能够预防及治疗多种疾病。大蒜素是强力杀菌剂，哪怕是稀释10万倍依旧能够在瞬间杀死伤寒杆菌、痢疾杆菌、流感病毒等病菌。经医学研究证实，大蒜素具有一百多种药用和保健成分，大蒜素和维生素B_1结合可产生蒜硫胺素，能够快速消除疲劳、增强体力。

大蒜外用也是很好的药材和护肤品，能够促进皮肤的血液循环，除去表皮的老化角质层，软化皮肤组织、增强皮肤弹性。如果被晒伤了，不用害怕，厨房里的大蒜就是现成的治疗药品，大蒜能够防止黑色素沉积，还能够消除色斑，使得皮肤更白。不仅如此，大蒜还能够促进身体的新陈代

谢，降低血液中胆固醇与甘油三酯的含量，除此之外，还能够降低血压和血糖。所以，高血压、高血脂、动脉硬化、糖尿病患者可以适当服用大蒜汁，对病情有一定帮助。

近年来，各种研究证明，大蒜能够阻断亚硝胺类致癌物质在体内的合成。大蒜中含有一百多种成分，其中有数十种都具有单独的抗癌作用。目前的数据发现，大蒜具有超乎寻常的防癌效果，在四十多种蔬果中居于首位。

挑一挑，拣一拣

很多人觉得蔬果都一样，看着漂亮、个头大的就好，殊不知，挑选蔬果可是一门不小的学问，得仔细学习，不同的蔬果都有不同的挑选标准。下面我们就来说说大蒜的挑选标准吧。

好的大蒜可以通过以下标准来鉴别：

1. 看外表，个头大，红皮蒜，外皮完整不开裂的是好蒜。如果表皮发软或者皱巴巴，或者已经发芽的大蒜，都不要挑选。还有，要注意，干爽没有泥土，没有根须，没有病虫害的蒜才比较好。

2. 掂分量，重而且紧实的大蒜比较好。

3. 捏一捏，大蒜饱满，无干枯与腐烂的大蒜比较好。

4. 拨开看，蒜瓣比较大，比较饱满，还有，一颗大蒜上，蒜瓣比较少的蒜比较好。

5. 闻一闻，有淡淡的大蒜味道但是不刺鼻，没有腐烂变质味道的蒜是好蒜。

看完了好蒜的标准，那么，什么样的大蒜是不好的蒜，千万不能挑选呢？

1. 看外形，外皮皱巴巴、蔫蔫的，看起来空空的或者已经出芽的大蒜不要选择。

2. 捏一捏，如果大蒜捏起来软绵绵的，这不是好蒜。

3. 掂一掂，如果大蒜掂量起来轻飘飘的，这说明蒜瓣很可能已经干枯失水，不要挑选。

4. 拨开看，如果有的大蒜连拨开好几层都是蒜皮，那就说明蒜瓣很小，最好不要挑选。

大蒜的巧储存

大蒜是一种常见的调味品和食材，一年四季，餐桌上都少不了它。倒不是因为大蒜是四季生植物，而是大蒜便于运输和储藏。采收晒干表皮的大蒜，只要方法得当，储藏三四个月不成问题。很多食物，新鲜的和储藏的口感差很多，而大蒜的味道却始终如一。所以，对于善于持家的主妇来说，在大蒜丰收季节低价采购，晾晒存放起来，随用随取就行了。

大蒜是一种便于储藏的食物，储藏方法极多。现在选择几种比较简单易行的方法同大家共享：

挂藏法

这种方法是最常见的方法。农家在大蒜收获的时候，会将整株大蒜摊在地上晾晒，等到茎叶变软发黄开始干枯，蒜头的表皮都干掉，这个时候开始下一步的处理。这时候要挑选植株大体相差不多的大蒜编成辫子，一根辫子用50～100株大蒜就行了。将这些蒜辫子挂在阴凉通风避雨的屋檐下，使其慢慢风干。需要用的时候，直接将蒜头掰下来就行了。

用这种方法储藏的大蒜得挑选大小一致的植株，太小的大蒜不适合编成辫子。

堆藏法

这种方法也极其常见，用这种方法收藏的打算，对植株大小要求不高。

还是跟挂藏法一样，挑选出比较好的大蒜，放在太阳底下晾晒两三天，直到蒜皮和蒜叶都干掉为止。为免有湿气，一周之后，再将这些大蒜放在太阳下暴晒一次，直到大蒜完全干燥。然后将大蒜转移到室内，放在阴凉干燥通风的地方，堆放在储藏库或者大竹筐里。时常翻检，以免蒜堆底下的大蒜受潮霉变。

埋藏法

挖1~1.5米宽的浅沟，先在沟底铺上一层2厘米厚的砻糠，之后再一层砻糠一层大蒜这样层层堆放。堆到离地面大约5厘米的时候，用砻糠将大蒜盖上，不使其暴露在空气中，造成一定的密封条件。在密封情况下，大蒜的呼吸作用会被抑制，呈现休眠状态。这样的方法可以使大蒜保持很久。

家庭简易储藏法

上面提到的都是大批大蒜的储藏法，比较适用于种植大蒜的农户。下面我们将为大家介绍一种简便易行的大蒜储藏法。这种方法适用于我们平时在家买了大蒜，一时又吃不完的情况。

将大蒜装入保鲜袋中，将口袋扎紧。这个时候，密封在保鲜袋中的大蒜所呼出的二氧化碳气体无法挥发，袋子里二氧化碳的浓度提高，相对就降低了氧气的含量。同时，因为缺乏水分的吸收，大蒜就会处于休眠状态，可以长久保鲜。

知识链接

不论选择哪一种储藏方法，都要经过严格挑选。那些茎叶腐烂、蒜头受损和受潮的大蒜，得挑出来赶紧吃掉。散搬可以另外储存。虫蛀或者是霉变的蒜头应该扔掉，免得吃了之后食物中毒。

蒜先生的家族

大蒜有许多不同的种类，也有许多不同的分类方法。一般按照鳞茎的颜色可以分为白皮蒜和紫皮蒜；按照蒜瓣的大小可以分为大瓣蒜和小瓣蒜，还有独头蒜，也就是说整个蒜头只有一整个圆圆的蒜瓣；按照植株的不同部分可以分为：青蒜（也就是蒜苗）和蒜黄。

蒜中的大蒜素有独特的作用，不仅能够去除腥气，还能使食物的味道更佳鲜美。《中国实业志》中有这样的记载："蒜一身殆无不可食，而与有腥气之肉类，共煮之，可以除腥气。"足可见其在厨房中的重要作用，它浑身是宝，从叶子到根须皆可食。

在烹饪中广泛应用的大蒜品种比较多，主要有：上海嘉定大蒜、江苏太仓白蒜、河北永年大蒜、河南洛渎金蒜、江西龙南大蒜、广东金山火蒜、四川独蒜、上高大蒜、新疆昌吉大蒜、山东苍山大蒜等。

吃蒜小窍门

很多人都爱吃蒜，可是又不敢吃，因为大蒜那独特的味道实在是刺激霸道，久久不散。尤其是上班族，如果想吃蒜，只能在晚上回家时过点瘾。偶尔吃的菜肴中有大蒜，要如何才能去除那股浓重的味道呢？其实有很多简便易行的方法能够解决这个烦恼的问题：譬如，用醋或酒漱口，喝一杯咖啡、绿茶，或者嚼一些茶叶、口香糖等。这样都能减轻大蒜的味道。

有的地方喜欢吃蒜片或者蒜末，实际上，大蒜最好的食用方法还是捣成泥。因为大蒜在泥状的时候，其中所含有的大蒜素有极强的杀菌作用。

另外，将大蒜捣成蒜泥后静置10~15分钟，让蒜氨酸和蒜酶在空气中结合，产生更多大蒜素之后再食用，这样更能发挥大蒜的功效。

食蒜宜与忌

宜

1. 大蒜的杀菌解毒作用极强，感冒者适宜多吃。
2. 美国科学家发现，大蒜可以抑制导致神经胶质母细胞瘤的细胞，癌症患者应该经常吃。
3. 大蒜能够降低血压和血脂，高血压、高血脂、动脉硬化宜常吃大蒜。
4. 大蒜中含有硒元素，而硒元素能够降低人体的血糖，所以糖尿病患者宜多吃大蒜。
5. 大蒜遇热时，其中的有效元素会降低，杀菌效果会降低，所以大蒜以生吃为宜。

忌

1. 大蒜中的某些成分对胃肠有刺激作用，对肠道消化液的分泌有抑制作用，影响食物消化，所以，肠胃弱、胃溃疡患者忌食大蒜，空腹的时候也忌食大蒜。
2. 蜂蜜和大蒜在一起会发生反应，容易导致腹泻，所以这两者忌同时服用。
3. 中医认为，长期大量食用大蒜会伤肝损眼，所以，眼病患者最好少吃大蒜，肝炎病人也忌食大蒜。

教你如何巧食蒜

1. 在菜肴起锅前，放入一些蒜末，可增加菜肴美味。
2. 大蒜可生食、捣泥食、煨食、煎汤饮或捣汁外敷、切片灸穴位等。
3. 做凉拌菜时加入一些蒜泥，可使香辣味更浓。
4. 腌制大蒜不宜时间过长，以免破坏有效成分。
5. 发了芽的大蒜食疗效果非常小。

巧食巧用葱与蒜

对于葱和蒜的食疗功效，已经有很多研究证明了。常吃葱蒜，不仅能够降低血脂、血压和血糖，还能够健脑、杀菌、消炎，好处多多。

预防奇兵葱和蒜

葱和蒜都是好东西，能够提高人体免疫力，对预防和治疗呼吸系统疾病也有非常显著的作用。蒜性温，味道辛辣，能够健胃、杀菌、暖身散寒，对肺病患者有很好的治疗作用。大蒜如果想要防病，最好生食。因为葱和蒜的广谱抗菌功能非常显著，所以对春季多发的呼吸道传染病有很好的预防作用。

蒜胺功能强大

动物食品中含有丰富的维生素B_1，对人体大有裨益，但是维生素B_1在体内储存的很少，很容易随着尿液大量排出。根据实验发现，大蒜中含有蒜氨酸和蒜酶，蒜和少许维生素B_1在一起，能够迅速产生一种叫做蒜胺的物质。这种蒜胺，能够提升体内维生素B_1的含量，延长维生素B_1在人体内的停留时间，也提高了它在体内的利用率。

品质要求多

挑选葱和蒜都非常讲究，有经验的人能够很快挑出品质好的葱与蒜。不管挑选香葱还是大葱，都以新鲜、无腐烂者为佳。挑选蒜则要看蒜瓣大小、外皮干净光泽，蒜瓣较大，且每一瓣都比较规整的为上。紫皮蒜和独头蒜都是大蒜中比较优良的品种。

蒜汁功效大

　　大蒜汁外用最显著的功效就是止痒，譬如皮肤湿疹、皮癣和皮炎等症状，试试涂上大蒜汁，很快就能消除奇痒了。做法如下：

　　找来一头或者半头大蒜，以紫皮蒜和独头蒜为佳，这两种蒜效果更显著。将蒜去皮用纱布包好，放在案板或者小罐中，捣烂成泥，挤出蒜汁。将蒜汁涂抹在患处，很快就能感觉到皮肤清凉，瘙痒有一定程度的缓解。如果皮肤已经破了，涂上后可能会觉得一阵刺痛，不过只要忍着，很快症状就会缓解的。

巧去蒜皮

　　因为蒜皮是一层一层的，可是剥蒜皮是一件极麻烦的事情。有些人爱做饭，但是讨厌厨房里各种食物的处理，因为实在太麻烦了。尤其是剥蒜皮，很多时候都会弄得指甲脏兮兮的，非常难受。不过这事儿有解决的方法：拿住一整个大蒜，从蒜头中间的空心处往外掰，稍微用力一点，轻松将大蒜掰成蒜瓣。把蒜瓣洗净，放在菜板上，用菜刀平拍，将蒜瓣拍裂，蒜皮也会因此而脱落。尤其要特别说明的是，蒜瓣用拍的方法味道会更加鲜美。

小提示

　　1. 蒜的有效成分加热后会被破坏，所以最好是在菜肴起锅之前放，这样既能提香，也能更好地保留蒜的有效成分。

　　2. 大蒜的最佳吃法是蒜泥，蒜茸和蒜粒无法完全释放大蒜的有效成分。

　　3. 发芽的大蒜最好不要吃，没多大食疗效果。

　　4. 大蒜腌制的时间不宜过长，以免破坏其有效成分。

奇特的大蒜油

大蒜油现在为人所熟知，因为它独特的成分和过人的功效。大蒜油是大蒜中所含的特殊物质，它含有40多种活性硫醚化合物，其药用成分主要是大蒜素。大蒜素是所谓的"天然广谱抗生素"，很多注意养生的人会经常服用大蒜素胶囊。

大蒜油，大用处

别小看了一滴小小的大蒜油，它可有大用处呢。大蒜油是一种特殊的物质，具有强力杀菌的作用，对肺部、胃部的感染非常管用，还能够调节血糖，降低糖尿病的发作几率，能够减少直肠癌30%和胃癌50%的发作几率。大蒜油同脂肪结合可以起到很好的作用，能够清肠、排毒、清理血液，还能够清除体内的杂质。另外，大蒜油能够降低血胆固醇和血脂，可以增加血管的弹性，还能降血压，减弱血小板的凝结，能够减弱心脏病发作的几率，还能够有效去除粉刺，降低感染的几率。

透明的大蒜油

大蒜油是一种含硫的化合物，有强力抗血栓活性，能够降低体内的胆固醇，对糖尿病能够起到极好的预防作用。大蒜油是一种透明清亮的琥珀色液体，是大蒜中最重要的物质之一，对心脏血管的健康都有极好的保护作用。

大蒜油的多功能

1.抗癌。据研究，大蒜中的含硫化合物就是我们认为有蒜臭味的那种东西，它能够促进肠胃产生一种酶或者被称为蒜臭素的物质，能够增强机体的免疫机能，阻断脂质被氧化及抗突变等多种功效，降低消化道肿瘤的危险。

2.抗疲劳。研究发现，猪肉是富含维生素B_1的食物之一，当维生素B_1同大蒜里的大蒜素有效结合的时候，就能够很好地发挥抗疲劳、恢复精力的作用。

3.抗衰老。大蒜中的某些成分具有类似维生素E与维生素C的作用，可以抗氧化，防止机体衰老。

美味佳肴
巧放葱姜蒜

"调味三君子"

孔子曾说"大羹不调",意思是,美味的肉羹不需要添加其他的作料,原味的是最好的。不过,我们在后世发现了无数鲜美芬芳的作料,有了它们,食物变得更加美味鲜香。所有作料中最常见的就是葱姜蒜这三样,它们被称为"调味三君子"。它们不仅能够调味,还能够杀菌去霉,对人体健康很有好处。不过,所谓作料,也就是食物的一种辅佐,所以一定要针对不同的食物,放不同的作料,放得也一定要适量。

有的人觉得做菜是一件难于登天的事情,无法想象一堆食材和作料如何才能变成美味佳肴。好的,那我们就来说说该如何才能让葱姜蒜最大限度地发挥它们的调味功能,使得食物更加鲜香美味呢?

贝类要多放葱

做贝类的菜肴时,注意要多放葱。因为贝类是寒性食物,而葱是热性的,能够祛除体内寒气,还能够抗过敏。很多人嗜好海鲜,尤其是贝类,但是吃了一点之后就会产生过敏性哮喘、腹痛、浑身起疙瘩之类的症状。所以做贝类菜肴的时候,一定要多放葱。

鱼类要多放姜

做鱼配上葱和姜,似乎是亘古不变的定律。放葱可以全面激发鱼的香气,而放姜可缓解鱼的腥气,调和鱼的寒性。

肉类多放蒜

每一种食物都有与之最相配的调料,对于肉类来说,多放蒜能够提升肉类的鲜味,使之更加新鲜美味,还能适度缓解肉的油腻,一定程度上避免因为消化不良而导致的腹泻症状。

Part2
好吃的葱姜蒜

葱是咱们老百姓餐桌上比较常见的食物，既是食材又是调味作料。

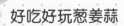

姜葱 炒牛百叶

特点 葱香诱人，营养丰富。

适合人群 一般人群均可食用。

材料： 鲜牛百叶1个，姜4片，红尖椒2个，葱20克。

调料： 料酒10克，辣椒酱20克，香油5克。

制作：

1. 牛百叶洗净，切条；姜去皮，切丝；红尖椒去籽丝；葱分出葱白和葱青，切段。

2. 上锅烧水，水沸腾后调入料酒，再倒入牛百叶略焯，捞出沥干。

3. 炒锅烧热，炒香姜丝、葱白，接着转高中火，倒入沥干的牛百叶，翻炒。

4. 转中火，放入红椒丝，再调入辣椒酱、和少量的开水调味。

5. 放入葱青略炒，出锅前淋上少许芝麻香油即可。

烹饪高手支招

1. 在焯水时，不易焯久，水沸腾后倒入牛百叶约10秒，即可捞出。

2. 姜葱炒牛百叶属于快手菜，不易炒久，牛百叶越炒越老。

健康心语

　　姜葱炒牛百叶，不仅筋道爽口，而且用姜葱爆炒，可以去其膻腥，增添菜香。

嫩姜炒鸭丝

特点 营养美味，香味扑鼻。

适合人群 一般人均可食用。

材料： 鸭腿肉300克，嫩姜30克，彩椒适量。

调料： 豆瓣酱1汤匙、酱油3汤匙、醋2汤匙、白糖1汤匙、淀粉1汤匙，盐适量。

制作：

1. 将鸭腿肉洗净，切成丝，放盐、淀粉抓匀码味。将姜、彩椒洗净，切丝。

2. 将豆瓣酱、酱油、醋、白糖同放一个碗里调成味料。

3. 锅中放油烧至六成热，下鸭丝爆炒，炒至表面发白。

4. 之后改小火，将鸭丝推至锅边，下味料炒约一分钟。

5. 将鸭丝与味料翻炒匀。

6. 另起一锅热油，下姜丝、椒丝稍炒，撒些许盐，再与鸭丝一同翻炒匀后起锅装盘即可。

烹饪高手支招

鸭丝起初不宜炒得太老，因为还要与调味料一起翻炒。

健康心语

鸭肉不仅营养美味，切成肉丝，口感更是细腻多汁，配上嫩姜，去其油腻，清香倍增。

大葱 辣炒五花肉

特点 葱肉搭配，香辣够味。

适合人群 一般人均可食用。

材料： 五花肉300克、大葱1棵、尖辣椒2个。

调料： 白糖1汤匙、酱油2汤匙，料酒3汤匙，盐适量。

制作：

1. 五花肉洗净切成片状；葱洗净去头后切成段；尖辣椒切片备用。

2. 热锅，倒入油烧热，先放入五花肉煸炒出油。

3. 放入葱白、辣椒炒香。

4. 加入白糖、料酒、酱油一起翻炒入味后，放入葱叶子炒散开。

5. 调入少许盐炒匀即可。

烹饪高手支招

1. 如果喜欢吃辣的朋友，这道菜可以加入"老干妈"一起炒，酱香和辣味会更加浓。

2. 这道菜必须要大火爆炒，火候不到，影响菜品的口感。

健康心语

五花肉的美味，在于其肉质的鲜嫩，肥瘦搭配均匀，用辣椒和小葱爆香，是将其香辣慢慢渗入，葱香郁郁，辣椒爽口，肉质鲜美，让人回味。

葱姜炒文蛤

特点 滋味鲜，口感好。

适合人群 一般人群均可食用。

材料： 文蛤500克，香葱5根；姜15克，红椒1/2个。

调料： 料酒1/2汤匙、盐1/4汤匙、水淀粉1汤匙、香醋1/2汤匙。

制作：

1. 将文蛤提前用清水反复洗净，然后放入大碗中，盛满清水，放入一勺盐，浸泡，让文蛤吐沙。然后沥干水备用。

2. 锅中倒入清水大火加热至沸腾后，放入文蛤焯烫，至所有文蛤张开口，大约一分钟即可，然后捞出放入盘中。

3. 将焯烫后的文蛤去壳，肉留用。

4. 香葱切成段，姜去皮切成细丝，彩椒切成长条。

5. 锅中倒入油，待油7成热时，倒入香葱段和姜丝爆香，接着放入文蛤肉、彩椒条，迅速淋入料酒、调入盐、淋入水淀粉，翻炒均匀后，最后淋入香醋即可。

烹饪高手支招

1. 焯烫和炒制的时间，一定不要过长。

2. 出锅前淋一点点香醋，可以给文蛤去腥提鲜。米醋也可以，但不要用白醋替代，否则味道会差很多。

3. 同样的做法，同样的配料，除了用来做文蛤，还可以用来做花蛤、白蛤、蛏子等。

4. 如果买到的文蛤，比较干净，回家后不需浸泡太长的时间。否则在淡盐水中长期浸泡，反而会导致胶质流失，肉质变差。

健康心语

文蛤肉质鲜香，营养丰富，用葱姜爆炒可以去其膻腥，以保证文蛤的肉质不过于松散。

葱姜 炒螃蟹

特点 新鲜美味 口齿喷香。

适合人群 一般人群均可食用。尤其适于体虚易生疮的人。

材料： 螃蟹2只、葱1根、姜20克、大蒜5克。

调料： 黄酒2汤匙、白糖1汤匙、盐1汤匙、胡椒粉1/2汤匙、豌豆淀粉2汤匙。

制作：

1. 葱洗净切段；姜去皮、洗净，切丝；蒜去衣，洗净、剁泥；淀粉加水调成湿淀粉，备用。

2. 把螃蟹腹部朝上放菜墩上，用刀按脐甲的中线剁开，揭去蟹盖，刮掉鳃，并洗净。

3. 再将蟹分成4半，每块各带一爪，待用。

4. 炒锅放入油，烧至六成热，放入葱段、姜丝，翻炒后。

5. 炒出香味后，下蟹块炒匀，下入黄酒再翻炒。

6. 加盖略烧，至锅内水分快干时，下蒜泥、胡椒粉、白糖，炒匀。

7. 最后用湿淀粉勾芡，出锅即可。

烹饪高手支招

1. 这道菜的黄酒、姜丝量稍大些，目的是为了去腥、提味。

2. 喜欢吃辣的朋友，还可以烹入辣椒一起爆炒，口感更加鲜香入味。

健康心语

　　葱姜炒螃蟹有滋阴清热，活血化瘀的特点，适用于体质阴虚又易生疮的朋友，对骨质疏松有帮助，但蟹肉寒凉，也不宜多吃。

葱爆 羊肉

特点 风味独特，营养又解馋。

适合人群 一般人群均可食用。

材料： 羊腿肉350克，大葱2根，蒜2瓣。

调料： 料酒2汤匙，酱油2汤匙，白胡椒粉1/2汤匙，白糖1汤匙，盐1/2汤匙，米醋1汤匙。

制作：

1. 将大葱去掉叶子，洗净，斜着切成3毫米宽的丝；蒜洗净，切片备用。

2. 将羊腿肉洗净，切片。之后调入料酒、酱油、白胡椒粉和白糖腌渍10分钟。

3. 上锅热油后，倒入羊肉片划炒至变色后放入葱丝，淋入盐、米醋继续翻炒约20秒。

4. 最后加入蒜片略翻炒出锅即可。

烹饪高手支招

1. 做葱爆羊肉，羊肉一定要选用羊腿肉，肉质较鲜嫩。

2. 这道菜，除了料酒，还可以在爆炒羊肉时，加入一点高度白酒也是缓解腥味的一个好办法。

3. 爆炒羊肉需要大火快炒，因此锅、油的火候一定要大、热，这样才能保证肉片鲜嫩多汁。切勿火小，在锅中来回翻炒，使得肉老难咬。

健康心语

　　羊肉的肉质鲜美，营养丰富，是滋补的上好食材，用葱爆炒，去除了羊肉的腥膻，更能炒出更多的油脂，提升肉质的口感。

金香  大蒜

特点 口感独特，色香味俱全。

适合人群 一般人群均可食用。

材料： 大蒜5头，咸鸭蛋黄4个，葱1/2根，姜末30克。

制作：

1. 将葱洗净，切碎；咸鸭蛋黄稍微压碎。

2. 大蒜剥去外皮，将一个个小蒜瓣分开，洗净，控水备用。

3. 炒锅上火，放入油烧至七成热，将蒜瓣放入炸至金黄色，捞出控油。

4. 炒锅中略留底油，放入葱碎、姜末和熟鸭蛋黄煸炒。

5. 待鸭蛋黄炒散后放入炸好的蒜瓣，再略翻炒，即可出锅。

烹饪高手支招

1. 这道菜的火不宜过大，油温不宜过高。

2. 蒜瓣一定要炸透，使鸭蛋黄裹在蒜瓣上。

3. 菜中没有放盐，是因为咸鸭蛋黄本身就带有盐味。

健康心语

鸭蛋黄营养丰富，蛋汁香滑，用大蒜做为其辅料，又与鸭蛋的香腻形成互补。金香大蒜就是二者的完美结合。

香蒜焖鸡肉

> **特点** 浓香红润、蒜味浓厚、做法简单。
>
> **适合人群** 一般人群均可食用。

材料： 鸡腿肉300克、大蒜4头，春笋30克、陈皮5克、生姜两片。

调料： 盐1汤匙、料酒2汤匙、黄酱2汤匙、酱油1汤匙。

制作：

1. 大蒜去衣，将一个个蒜瓣分开，洗净；春笋切成小块；陈皮切成末。

2. 将鸡腿肉切成块，加入适量盐、料酒、酱油腌制5分钟。

3. 上锅开火，加少许油，放入大蒜煎成黄色出香味后，再放入姜片、鸡肉翻炒，待鸡肉变色后，加入黄酱炒香，烹入料酒、高汤。

4. 接着放入春笋、陈皮，一起焖烧。

5. 至汤汁收干，最后再放入适量盐调味即可。

烹饪高手支招

1. 这道菜一定要焖烧，鸡和蒜的香味才会出来。

2. 为了鸡肉的口感鲜嫩，此菜必须选用鸡腿肉。

健康心语

鸡腿肉的肉质香嫩，配上大蒜和陈皮，以去其油腻，再添加春笋，保证了肉质的清新。

糖醋 大葱

特点 香甜酸爽。

适合人群 一般人群均可食用。

材料： 大葱4根。

调料： 醋3汤匙、白糖2汤匙。

制作：

1. 先把葱去掉叶，葱白洗净，切成约5厘米的长段备用。

2. 锅里放入油，温度达八成热时，将葱放入油中，炸至黄色时捞出并控油。

3. 取沙锅加入清水，放入炸好葱，用小火焖一下。

4. 收干汤汁，加入白糖、醋，调味均匀即可。

烹饪高手支招

这道菜最好都选用葱白，不用葱叶子是为了口感考虑。

健康心语

　　大葱的美味在于它的清新爽口，先炸后焖，就会让葱的滋味更加平润甘甜，滋润清爽。

蒜泥白肉

特点　蒜味浓厚、肥而不腻。

适合人群　是很适合男士的一道菜。

材料：猪肉500克、大蒜70克。

调料：盐1汤匙，酱油1汤匙、红糖汤匙。

制作：

1. 猪肉洗净，入汤锅煮熟，再用原汤浸泡至温热，捞出摅干水分，片成长约10厘米、宽约5厘米的薄片装盘。

2. 大蒜捶蓉，加盐、冷汤调成稀糊状，成蒜泥。

3. 酱油加红糖在小火上熬制成浓稠状。

4. 将蒜泥、复制酱油汁淋在肉片上即可。

烹饪高手支招

　　本道菜里的味汁的调制很重要，是决定此菜味道的关键，味汁用量要按自己口味酌量调配。

健康心语

　　蒜泥白肉，滋阴补肾，营养丰富，口感香滑，肥而不腻，肉质中蕴含了蒜泥的鲜香，去除了油腻，更提升了白肉的品质。

特点　清爽宜人，营养丰富。

适合人群　一般人均可食用。

材料： 扇贝4个，姜1小块，蒜1头。

调料： 盐1汤匙。

制作：

1. 姜去皮、洗净；蒜去外衣，掰开、洗净。

2. 蒜与姜以2：1的比例压成泥，放入盆中，加入盐、油拌匀。

3. 将扇贝在清水里洗干净；接着用小刀将扇贝撬开，将扇贝的围边去掉，并冲洗干净。

4. 烤盘铺锡纸，将扇贝放在上面，然后将蒜姜均匀铺在每只扇贝上。

5. 170度烤箱，烤10分钟即可。

烹饪高手支招

1. 扇贝不要烤的时间过长，因为它很容易熟，时间长了肉就收缩变硬。

2. 如果扇贝买回家不马上吃，最好放进冰箱冷藏，但是千万不要洗，因为一沾淡水扇贝就死了。

健康心语

　　扇贝益补明目，其中含有丰富的钙质，对骨质疏松很有帮助。用蒜来烧烤，可去其腥，并有很好的解毒功效。

葱抓饼

特点 香味四溢，简便宜食。

适合人群 一般人群均可食用。

材料： 小葱150克，面粉3碗，开水1碗，冷水半碗。

调料： 盐2汤匙。

制作：

1. 葱洗净沥干，并切成葱花。

2. 将面粉倒入盆中，加入开水，用筷子搅拌成絮状，再慢慢加入冷水揉成光滑面团。

3. 盖上保鲜膜醒半小时。

4. 拿出面团，分成10份左右，揉圆，不用的时候盖上湿布，以免干掉。

5. 案板上抹少许油，取一个面团，压扁，擀成薄薄的方形，然后均匀地抹上少量油，撒上盐和葱花。

6. 从一头卷起，卷成长条状，然后把长条螺旋式卷起，压扁，接着擀成圆形。

7. 接着就是煎饼。平底锅内抹适量油，中火烧热，放入面饼，改为中小火。

8. 直至一面微微呈现金黄色，翻面继续按压，使另一面也微微呈现金黄色。

烹饪高手支招

1. 擀饼的时候要尽量薄，就算稍破不碍事。

2. 撒上葱花以后擀饼时，皮破裂、葱花露出来是正常的，没有关系。

3. 撒入葱花与盐后的面团，如果不是马上吃，可以用保鲜膜一层层隔开，放入冰箱冷冻。

4. 冷冻后的面饼再拿出来煎时不需要解冻，待面饼开始变软，可用铲子按压，使之更为铺开。

健康心语

　　葱抓饼方便美味，是居家的常备主食，适合搭配各种蔬菜。

葱香 糯米饼

特点 营养早餐，香软可口。

适合人群 一般人群均可食用。

材料： 糯米粉400克、香葱200克。

调料： 盐2汤匙。

制作：

1. 将香葱洗好并切细，然后把切细的香葱倒入盘里，备用。

2. 倒入适量的开水揉面，把面揉匀后开始把面团弄成一个一个小剂子，接着把一个个小剂子搓圆然后压扁成饼状。

3. 将葱花、少许盐撒在饼上，再将面饼卷起来，再压平。

4. 开火上锅，锅里面倒入适量的油，将饼均匀地贴在锅边，煎至金黄后，再换另一面煎，直到煎至两面金黄即可。

烹饪高手支招

1. 揉面加水的时候，要慢慢加，以免面团太烂。

2. 往锅里放油之后，用铲子把油摊开使油均匀，这样饼可以烙的更好。

健康心语

葱香糯米饼是很好的学生早餐，香糯的米饼，口感甜糯，混合香葱制作，可能引人食欲。

酸甜姜

特点　开胃又营养。

适合人群　一般人群均可食用，尤其适合胃口不好的人。

材料： 姜300克。

调料： 白糖4汤匙、醋4汤匙。

制作：

1.　将姜用小刀刮皮后并洗净，然后将尾部切掉。

2.　将洗净去尾的姜切成细丝，放入盆里。

3.　放入白糖、醋搅拌。

4.　拌匀后腌5个小时后即可。

烹饪高手支招

　　1．糖加的越多越好，因为姜本身辛辣，如果不喜欢辣味的多加一点糖为好。

　　2．如果喜欢姜的辛辣味，可切成细片状，这样口感更好。

健康心语

生姜加入醋、白糖，味微辛辣而酸，是不错的开胃和止呕菜品。

腌制 生姜

特点 随吃随取，鲜香味浓。

适合人群 一般人均可食用。

材料： 生姜400克，密封罐1个，凉开水适量。

调料： 白糖4汤匙、醋4汤匙，食盐3汤匙。

制作：

1. 拿出准备好的新鲜生姜，搓去外皮后，用清水洗净，并控干水分。

2. 将白糖、醋、盐用凉开水化开，充分融合，制成腌制汁。

3. 将控干水分的生姜逐一放入融合的腌制汁里过一遍，再放入容器里。

4. 最后将腌制汁全部倒入容器里，盖上盖，密封好。

5. 5～6天后即可拿出来食用。

烹饪高手支招

1. 选用白露前的嫩姜。

2. 腌制汁以没过姜为主。将生姜先过一遍腌制汁，是为了使每一块姜的边角都能吸收到汁，使口感更加好。

3. 这里面用到的醋，选用白醋的话，颜色不会那么深，以个人喜好来选择即可。

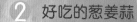

健康心语

　　腌制好的生姜色金黄、质脆不烂，并且具有浓厚的鲜姜气味。食用生姜有生津开胃，还能发汗解表。

北方 糖蒜

> **特点** 酸甜爽口，质地脆嫩。
>
> **适合人群** 一般人群均可食用，糖尿病患者忌食。

材料： 大蒜10头,密封罐1个。

调料： 盐1/2汤匙、酱油1汤匙、红糖5汤匙、醋3汤匙、水适量。

制作：

1. 将大蒜去皮，洗净。

2. 取适量清水，以平时喝汤的咸度为准加盐，将大蒜放入盐水中浸泡1天，以达到消毒、去除辛辣味的目的。然后取出控干水分。

3. 取一密封罐用开水消毒，并晾干备用。

4. 将水和所有调料倒入一个容器里，调成糖醋汁，放入锅中烧开。

5. 晾凉后将糖醋汁倒入备好的密封罐中。

6. 将大蒜放入密封罐，密封放在阴凉通风的地方，2周以后即可入味食用。

烹饪高手支招

1. 做好的糖蒜一般可保存2个月。

2. 密封以后要经常晃一晃密封罐，使糖蒜均匀浸泡在糖醋汁中。

3. 如果不喜欢深色的糖蒜，可以将红糖换成白砂糖，米醋换成白醋，另外还要不加酱油。

健康心语

　　糖蒜的口味，不仅保留了大蒜原有的清香，加入红糖更增添了蒜香的甜味，是美味的开胃辅材。

特点 味甘微辣，开胃健脾。

适合人群 一般人群均可食用。

材料：鲜姜500克，白糖150克；白糖粉100克。

制作：

1. 鲜姜去皮后切成几毫米的薄片，用水清洗干净。

2. 锅中烧水至沸腾，将洗净的生姜薄片投入沸水中，煮至半熟，出现透明状时捞出，再放入水中漂冷，再捞出，沥干水分。

3. 将沥干水分的生姜片用白糖糖渍，时间为24小时。

4. 调制出浓度较高的浓糖液，放入姜片再煮，煮至糖液浓厚，一直用火浓缩到糖浆可以拉起细丝为止，把生姜片捞出。

5. 捞出姜片后，撒上白糖粉拌匀，摊晒1至2天或放于烘烤箱中，在40℃至50℃的温度下烘4小时左右，即可干燥成白糖姜片。

烹饪高手支招

1. 可以多放些白糖，姜片配上白糖，少了新鲜生姜的辛辣味，更多的是淡淡的甜味。

2. 这里用到的白糖数量稍微多些，制作过程中可能会有浪费，所以需要多备一些。

健康心语

姜片的清香，辅以白糖，不仅口感辛甜，更是驱寒解毒的营养佳品。

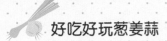

蒜香 茄子

特点 家常小菜，口味清香。

适合人群 一般人群均可食用。

材料： 大蒜1头，圆茄子1个。

调料： 盐适量。

制作：

1. 将茄子去皮，清水洗净，备用。

2. 取1头大蒜剥好蒜瓣，把蒜瓣放在案板上，用刀拍扁，之后放入碗中，再用擀面杖捣碎。

3. 锅中放入油烧热，倒入洗净的茄子翻炒。

4. 调入生抽、甜面酱一起翻炒均匀。

5. 待茄子熟软后，放入蒜末翻炒均匀，马上出锅即可。

烹饪高手支招

1. 放入甜面酱就有了咸味，盐不用再放了。

2. 蒜末一定要在出锅前放入，保持蒜的清香。

健康心语

　　蒜香茄子是很常见的一道家常菜，色香味俱全。茄子再辅以蒜末，更增添了茄子的鲜香。

猪脚 甜姜汤

特点 健胃散寒、温经补血，可增进食欲。

适合人群 一般人群均可食用，尤其适合坐月子的妈妈，是产妇最佳滋补汤水，有祛风排毒的功效。

材料：猪脚4只，生姜50克。

调料：盐适量。

制作：

1. 生姜刮皮后拍裂备用。

2. 将猪脚斩成小块，在滚水中过5分钟，捞出。

3. 将猪脚、拍裂的姜放入锅中开始煮。

4. 煮滚后，改用小火煲2小时左右，放入冰糖调味即可。

烹饪高手支招

　　生姜拍裂再煮更有利于味道的渗出，使煮出的汤味道更好，营养物质更容易进到汤中。

健康心语

猪脚甜姜汤，不仅口感新鲜，辅以姜片，更能祛除风寒。

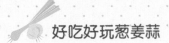

海参粥

特点 精品主食、气血双补。

适合人群 一般人群均可食用，适合高血压人群。

材料： 稻米100克，大蒜30克，海参50克。

制作：

1. 将大蒜去皮，切成两半；海参用清水发胀后去肠杂并洗净，再顺着切成长片。

2. 大米淘洗干净，将大米置于锅内加入500毫升清水，然后将锅放在武火上烧沸。

3. 再加入海参、大蒜，改用文火熬煮45分钟即成。

烹饪高手支招

大蒜一定要选用白皮大蒜。

健康心语

飘香的大蒜海参粥，口感新鲜、营养丰富，具有补气血、添精髓、降血压的功效。

Anemone

Part3

好玩的葱姜蒜

虽然南方是以米饭为主食，北方则多吃面食，但是葱姜蒜却是南北方共同的食物与作料。葱姜蒜与人类伴随这么多年，除了做食物之外，聪明的人类还给葱姜蒜开发出许多功能，使得它们与人类生活更加密切相关。

葱先生趣事多

说起葱的趣事，坊间倒有不少传说，有一句老话说："香葱蘸酱，越吃越壮。"形象地说明了葱在人们心目中的重要地位。

员外与葱

有这样一个关于葱的传说，据说古时有一位员外身患隐疾，小便不通，只有点滴淌下，同时腹胀如鼓，难受异常。家人延请了无数大夫，开了各种药方，但是不论什么药，喝下去都会很快呕吐出来。家人忧心不已，但是也不知道如何是好，不得已连棺材都备好了。

有一天，有拨浪鼓的声音从门外传来，一名江湖郎中途经此地。家人抱着试一试的心态请郎中帮忙给员外瞧瞧病。郎中经过望闻问切四诊之后，说了一句：拿葱来。家里人心中疑惑，但还是拿来一把洗净的葱。郎中于是拿着葱叶插入员外的尿道，没想到，久已不通的尿此时居然顺着葱叶流了出来。

郎中又给员外开了几服药，员外吃过药之后，病居然痊愈了。于是游方郎中得到了重金酬谢。虽然这只是一个不足为信的传说，但是足以看出葱的重要价值。

聪明的"和事草"

在广西合浦等地，葱不仅可以入菜、当作料、药用，还有其他的价值和功用。当地人在每年农历六月十六的晚上，都会做许多葱菜给小孩吃，据说这样小孩日后就能变聪明。另外，传说葱是神农发现的，他遍尝百草之后找出了葱作为日常膳食的调味品。此后，几乎各种菜肴都会放一点香葱调味，所以葱也有"和事草"的雅号。

葱姜为你巧治病

葱和姜，关于它们的特征、用途以及功效，我们都有了初步了解。接下来，我们要为大家介绍几个方便好用的小药方，让你轻松搞定日常生活中的一些小病痛，免去了打针吃药的痛苦。

巧治小儿消化不良

 原料 生葱1根，生姜5钱，茴香粉3钱。

 步骤
1. 将葱切小段，生姜切小块，两者一同捣碎，再加入茴香粉3钱。

2. 将这些材料拌匀后放入锅中炒热，至皮肤能够忍受的程度。

3. 用纱布将炒热的材料包好，敷在肚脐上。

健康心语

　　根据病情轻重，每日一次或者两次，直到痊愈。如果小儿出现严重的上吐下泻症状，必须严格遵从医嘱，饮食清淡，以米汤为主食。

葱姜巧治感冒

 原料 葱白、生姜各半两，食盐1钱。

 步骤
1. 葱白洗净切段，生姜洗净切小块，两者一同捣成糊。

2. 将糊状材料用纱布包裹，涂擦五心，也就是前胸、后背、脚心、手心、窝、肘窝，然后躺下休息。

健康心语

　　除极严重者，一般每天涂一次即可。一到二日便能见成效。有个别患者半小时后就身体出汗，热度消退，症状明显减轻，等到第二天就完全恢复了。

生姜小窍门

　　1. 冬天的时候，很多人都气血不通，冻得哆哆嗦嗦的。这个时候，用一把干姜或者生姜煮水泡脚，很快就能感受到全身血液畅通，手心脚心都暖和起来。

　　2. 用生姜涂抹头发，能够去头皮屑、防止脱发、生新发的说法的确言之成理。因为生姜中含有姜辣素、姜烯油等成分，可以促进头部的血液循环，用生姜涂抹头皮，能够促进头皮的新陈代谢，活化毛囊组织。

妙解
"姜"字

　　用造字法来详解"姜"，似乎有些无法理解。因为字面意义就是一只羊底下一个女人，看起来跟姜的性质和功能毫不相干。到底姜为何有这样的字形呢？

说文解"姜"

《说文解字》中是这样定义"姜"的:"神农居姜水以为姓。从女,羊声。"汉字是表意文字,可是"姜"从字面拆解,就是羊和女,这跟姜这种植物有什么相干呢?

"姓""氏"有别

"姜"作为"姓"来说,"姜"字下面带个"女"字,是有讲究和来源的。在古代,"姓"与"氏"并不是一体的,两者有严格的区分。姓起于女方一族,氏起于男方一族。"姓"是从母系社会传下来的,代表氏族血统,称为族姓。母系社会只知其母不知其父,要区分血缘,同一个母系的人不能通婚,这样就有了姓的说法。而"氏"是后来才出现的,是古代宗族系统的称号与贵族标志。到了夏朝中期开始,"氏"才成为"姓"的分支,表示功勋与地位。这个时期,女性地位明显高于男性,所以当时的姓氏譬如妫、姚、姬、姒等,都是女字旁。"姜"作为姓来说,也是带这样的意思。

有关"姜"与植物

我们现在说到的这种称为"姜"的植物,实际上与现在的"姜"这个字没有任何联系,它原来的字是"薑"。只是汉字简化时将草头的字取消,以同音字代替,所以才有了让我们无法理解的植物"姜"。

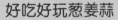

在家
种葱姜蒜

说起葱姜蒜与人们的日常生活有这么密切的关系，不仅因为它们功效非凡、极其常见，还因为它们生命力旺盛。我们哪怕住的地方再狭小都不要紧，只要能够种一盆花，就能够用这花盆来种出葱姜蒜，给我们的生活增添许多美味。

葱先生在阳台

种花种草已经不能满足现代人的追求了，阳台种菜才是更富情趣的做法。越来越多的人选择在阳台上种菜，给自己的生活增添绿意，为自己的菜肴添加美味作料。那么，该如何在阳台上种葱呢？

阳台种葱要讲究

用盆栽葱对土质有较高要求，需要土质松软、湿润，排水性能好。栽种之前要先在花盆底部戳一个小洞，以便漏水。在盆地铺上一层3.3～6.6厘米厚的小石子，石子上铺一层菜园土。再往上铺满拌入底肥的肥土，肥土上再铺上一层菜园土。这时候，准备工作就完成了。种葱最方便的做法是一丛一丛植株移植，每一丛3～4株，每一丛之间相距6.6厘米。将葱栽好后，浇足水，看见盆底微微有水渗出就行了。等到葱移植成功后，就在花盆上铺上一层碎稻草，这样防止花盆表面的水分蒸发。

栽培时间需注意

葱的栽培时间有讲究，不是一年四季都适合移栽的。上半年在四月到五月比较合适，下半年在九月至十一月比较合适。十一月是最适合的移栽时间，这个时候盆栽活棵快，生长迅速，到春节之前就能够采摘了。

采摘有要求

许多人不知道葱是如何采摘的，以为连根拔起就行了。这样的做法不是不可以，不过太浪费。因为葱和韭菜一样，可以一茬一茬地生长。采摘葱的时候，只需要掐或者割断葱管，留葱头在土中，过几日还会有新的葱苗发起来。葱需要适量多次采摘，这样才能吃到鲜嫩可口的葱。如果采摘次数过多，要视具体情况适当增施一些肥料，以免肥力不够而出现葱叶败黄的情况。

香葱先生好种植

北方的大葱，植株过大，人们都是买一捆一捆回来，储藏起来，随吃随取。而南方的小葱都是吃新鲜的，因为植株较小，是适合阳台种植的作物。

香葱喜凉爽

香葱这种作物比较喜欢凉爽，种子在15～25℃的情况下发芽，从下种到发芽也就两三天的工夫。香葱适宜的生长温度为13～20℃，能耐0℃左右低温，等到温度到达25℃以上，或者被强光照耀后，植株品质有所下降。香葱只在春秋两季生长旺盛。

葱最喜欢的温床

葱不太挑土壤，不过土层深厚、排水良好、富含有机质的砂壤土培植最好。土壤pH在6.9～7.6时葱长势最好，过高或者过低的pH对种子发芽和植株的生长都会有一定抑制作用。

葱需要阳光和水分

葱和其他绿叶植物一样，需要阳光和水分，不过它不喜强光，也不耐阴。葱不耐涝，雨季时节需要注意防水排涝，以防根被沤烂。葱叶是空心管状，表面有蜡质，水分不易被蒸发，耐得住旱，但是葱根系的吸收能力较差，所以生长发育需要适量供水供肥。葱在幼苗生长期、葱叶生长期和开花结子期都对水分要求较高，所以要注意保持土壤湿度。

生姜先生喜和怕

生姜根系不发达，根入土不深，根须的覆盖范围约为30厘米见方，它在生长过程中有诸种需要注意的地方。

生姜既不喜干也不喜湿

种植生姜要严格控制水分，因为生姜既不耐旱也不耐湿。干一点儿茎叶就蔫了，生长受影响；湿一点儿又容易招来病害。

生姜喜暖怕冻

姜喜欢温暖潮湿的环境，极其怕冻。幼苗在20～25℃的情况下容易生长，而茎叶的生长适合温度是25～28℃，如果温度低于15℃，姜也就停止生长了。

姜喜弱光怕强光

姜对日照时间没有严格的要求，但是喜欢弱光，如果光线过强，姜叶就容易发蔫萎缩。农民们有这样一句话来形容姜的这种习性："生姜晒了剑（新叶）等于要了命。"

姜对肥料有要求

姜的种植过程中少不了肥，不过它对肥也有特殊要求：钾最多，氮次之，磷最少。

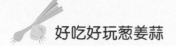
生姜先生好种植

姜的品种不多，主要按照外皮的颜色分类：白姜、紫姜、绿姜（又名水姜）、黄姜等。生姜的根茎多且密，但是入土不深，可以单种，也可以套种。套种的话，最好与黄瓜、豆类等搭架的作物一起，让其他作物在上面为它遮挡阳光。

选种是关键

生姜下种前一定要仔细选种，发现霉变、腐烂、干瘪的病弱姜块要赶紧剔除。最好选择50~100克有1~2个壮芽的姜块，当然，太大的姜块也不是不可以，不过比较浪费，成本高了些。如果姜块太大，有好几个壮芽，也可以用刀切成几瓣分别下种，不过伤口处要先擦一些草木灰消毒。

松土、培土需讲究

姜的种植过程中需要多次施肥，也需要松土和培土。培土能够防止姜长出过多的分支，将养分聚拢在已长出的姜块上。等姜埋入土中后，如果土壤湿润就不用再浇水了，如果土壤干燥，只要浇一次水就行了，注意控制分量。姜出苗后应该根据土壤的湿润情况和植株的长势及时进行灌溉，高温时期的浇水应该在早上或者晚上进行，避免在中午烈日高照的情况下浇水。雨季一定要注意防水排涝。等到苗长到15厘米左右的时候要进行中耕，去除杂草，同时进行培土。肥料最好以人尿粪和牲畜肥为主，可以喷洒地果壮蒂灵，培土约3厘米足够了。随着分蘖的增加，每出苗一次就追一次肥再培一次土。培土以不埋没苗尖为标准，一共培土3~4次，将原来的种植沟逐渐变成田埂。

选地、整地以及施肥

　　姜喜弱光，所以栽种的地方有讲究，最好选择有隐蔽的地方。姜最好不要连种，同水稻、葱、蒜及瓜、豆作物轮作产量较高。姜种植的土层要厚，土地肥沃疏松，有很好的排水性。因为姜的生长期比较长，产量也高，所以对肥料的需求量大，需要多次施肥。

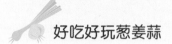

病虫防治有绝招

姜这种作物不算娇贵，但是对病虫害的抵抗力极弱，所以要千万注意防治病虫害。姜最容易发生的病害是腐败病，也有一个专门的称呼——姜病瘟，是一种细菌性的病害。对付这种病害不可马虎大意：

1.一定要轮换种植。姜下种之前要严格挑选，并消毒浸泡。

2.增施钾肥。土壤湿润、水分适中是关键，注意灌溉和排水。发现病株要及时除掉。

3.发现病虫害，如果是初期，用50%的代森铵800倍液喷洒，每7～10天1次，连续2～3次即可。

采收留种分批进行

姜和其他的作物不太一样，采收不是一次完成，而是分期分批采收。每年的七八月份就可以开始采收了。这个时候采收的姜是嫩姜，也叫子姜，肥嫩爽脆，适合鲜食，也适合加工。这一批采收的姜产量较低。

采收的种姜，也叫"偷娘姜"，等到植株出现5～6片叶时，就可以进行采收。用小锄头或者小铲子拨开土壤，轻轻地将种姜拿出来。等到老姜取出后，立即将土盖平，及时追肥。

一般老姜的采收要在霜降前后进行，看到茎叶枯黄，就可以开始了。这个时候采收的产量较高，姜的辣味很重，能够长期储藏，可以直接食用、加工，也可以留种。南方没有霜降的地方也可以把姜留在土里，根据需要随取随用或者留种，不过这个时候的土壤湿度不要太大。具体做法是，把姜在地面上的茎叶割掉，再在上面覆盖稻草等物就行了。

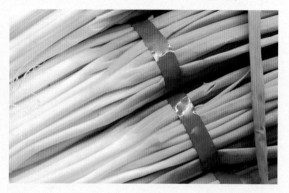

蒜先生在阳台

从市场买回来的蒜，一段时间不吃，就会发现蒜瓣憋了，有尖尖的芽冒出来，很多人往往就此扔到垃圾桶里。实际上，把蒜种在阳台上也是个不错的选择，蒜苗绿绿的，看起来跟水仙差不多，既是不错的景观，也是美味佳肴。

选蒜是基础

我们买蒜大多都在超市或者市场，不论在哪里，买蒜都得注意了，别买看起来白白净净、一点渣滓都没的蒜，那种多半被硫磺或者其他人为方式处理过。还有，自己选种的蒜别买太漂亮的，因为"好蒜不发芽"。买蒜头有根须，表皮泛紫的那种，大小都无所谓。

时尚蒜先生在阳台

1. 对于时尚人士来说，用带孔的育苗盘种蒜是一个不错的选择。盘下再放一个托盘，用清水种植，每天换水一次。

2. 这种种植法需要足够的阳光，保持温暖，但是要远离暖气。如果想要早些采收，晚上的时候可以打灯，加速生长。

一点小"健"议

1. 光照一定要充分，土壤保持疏松，选择略偏酸性的土壤。

2. 浇水不用太勤，但是每次必须浇透。

3. 蒜的外皮千万别撕破，否则容易烂掉。